JN284583

科学のアルバム

ツバメのくらし

菅原光二

あかね書房

もくじ

帰《かえ》ってきたツバメ●2
巣《す》づくりの季節《きせつ》●8
産卵《さんらん》●18
ひなの誕生《たんじょう》●22
いそがしいひなの世話《せわ》●24
ひなの成長《せいちょう》●26
巣立《すだ》ちの季節《きせつ》●30
別《わか》れの日《ひ》●34
わたりにそなえて●39
ツバメと人間《にんげん》●41
空中《くうちゅう》の生活者《せいかつしゃ》・ツバメ●44
からだのつくり●46
ツバメのわたり●48
ツバメの一年《いちねん》●50
ツバメの観察《かんさつ》●52
あとがき●54

監修●樋口広芳
構成●七尾　純
イラスト●藪内正幸
武市加代
渡辺洋二
林　四郎
装丁●画工舎

科学のアルバム

ツバメのくらし

菅原光二（すがわらこうじ）

一九四〇年、青森県十和田市に生まれる。
一九五八年、青森県立三本木高校卒業。
一九六〇年以後《いご》、芸能《げいのう》関係の仕事に従事《じゅうじ》するかたわら、
動物の撮影《さつえい》をつづけ、一九六八年、写真《しゃしん》の世界にはいる。
以後、動物写真家として活躍《かつやく》している。
著書《ちょしょ》に「カラスのくらし」「ムササビの森」（共にあかね書房）、
「アオバズクの森」「スズメ」（共に偕成社）、
「写真・セミの世界」（誠文堂新光社）がある。
日本写真家協会会員、
日本セミの会会員。

春《はる》、ことしもやっぱり
帰《かえ》ってきたツバメたち。
旅《たび》のつかれをいやすまもなく、
いそがしい毎日《まいにち》がはじまります。

●羽《は》ばたき、空中《くうちゅう》で停止《ていし》して、ひなにえさをあたえる親《おや》ツバメ。

※日付《ひづけ》は、神奈川県相模原市《かながわけんさがみはらし》におけるもの。南北《なんぼく》に長《なが》い日本《にっぽん》では、場所《ばしょ》によってこの日付《ひづけ》に、かなりのちがいがみられる。

※四月《がつ》二日《か》。のき下《した》をとびまわるツバメ。人家《じんか》に巣《す》をつくるツバメは、毎年《まいねん》おなじ場所《ばしょ》にもどってくる。

帰《かえ》ってきたツバメ

春《はる》、そよ風《かぜ》が、サクラのたよりをはこんでくるのをまっていたように、日本各地《にっぽんかくち》には、空《そら》からのお客《きゃく》さまがやってきます。

それはツバメたち。冬《ふゆ》のあいだ、あたたかな東南《とうなん》アジアの島《しま》じまですごしたツバメたちが、何千《なんぜん》キロもの旅《たび》をおえて、また日本列島《にっぽんれっとう》に帰《かえ》ってきたのです。

春《はる》のやわらかい日《ひ》ざしが、朝《あさ》の街角《まちかど》にさしこんでいます。ツバメの夫婦《ふうふ》が、家《いえ》いえののき下《した》をとびまわり、まえの年《とし》の巣《す》が、どうなっているかをたしかめます。わかい夫婦《ふうふ》は、はじめての巣《す》づくりによい場所《ばしょ》を、たんねんにさがしまわります。

四月《がつ》、日《ひ》に日《ひ》に町《まち》なかをとびまわるツバメの数《かず》もふえ、いよいよにぎやかな日《ひ》びがはじまります。

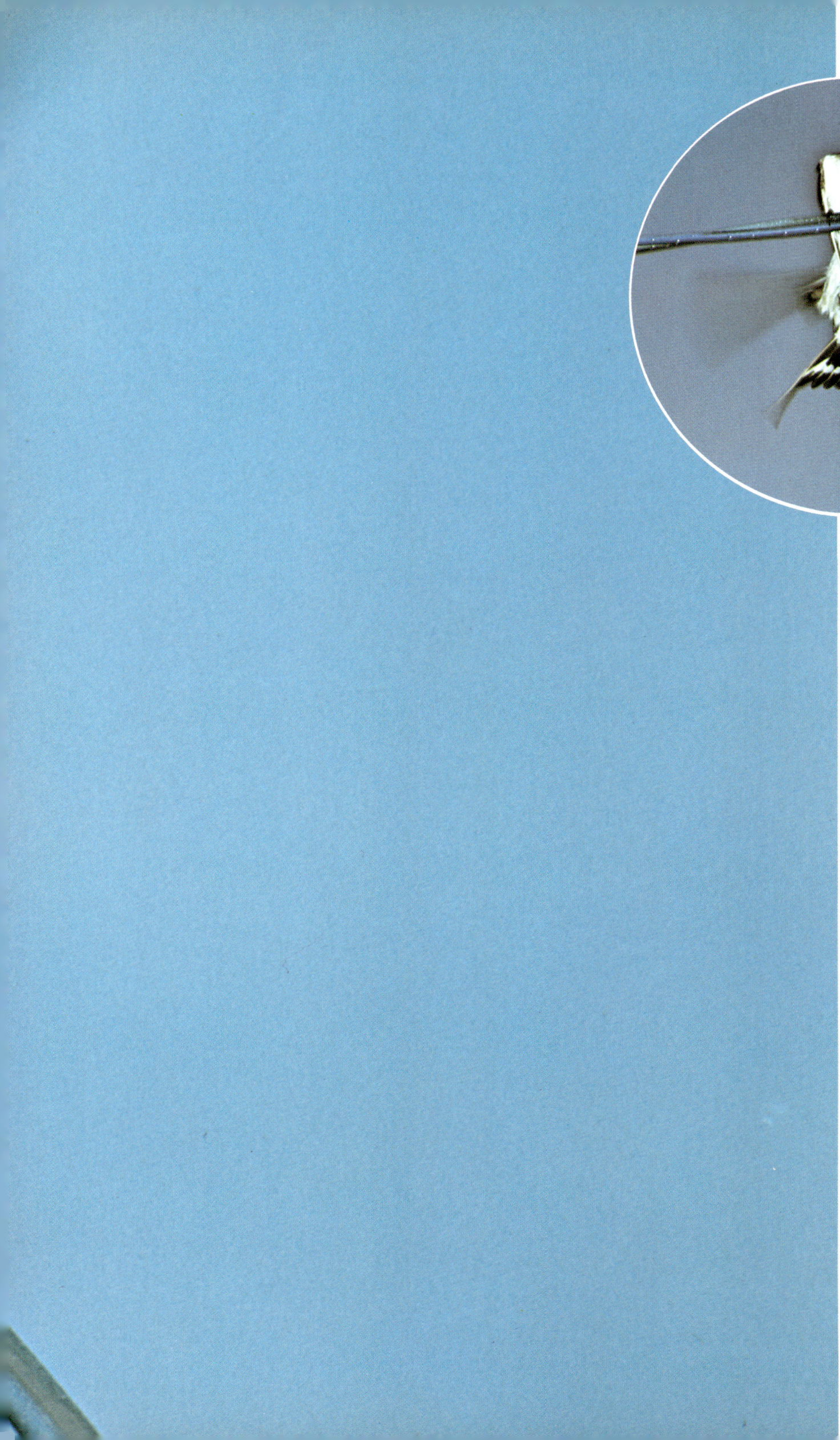

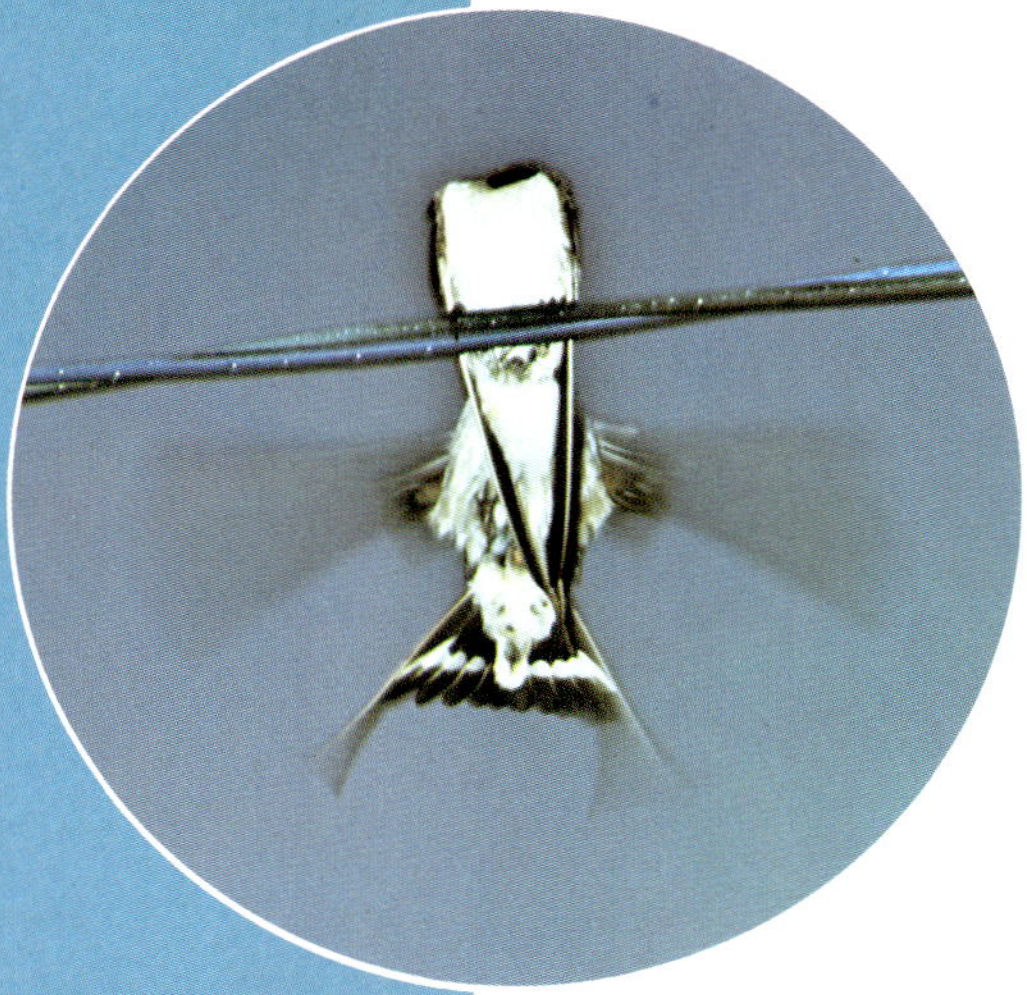

↑←四月《がつ》五日《か》。電線《でんせん》は、足《あし》の弱《よわ》いツバメにとって、もっともてきしたとまり場所《ばしょ》。ツバメの夫婦《ふうふ》がしきりにさえずりあっている。そっとよりそうツバメもいる。ツバメの夫婦《ふうふ》は、やがて交尾《こうび》(上《うえ》の写真《しゃしん》)をし、産卵《さんらん》にそなえる。

➡四月《がつ》五日《か》。方向転《ほうこうてん》かんも意《い》のままにとびまわるツバメの夫婦《ふうふ》。おいかけっこをしているように見《み》える。

⬅四月《がつ》八日《か》。羽《はね》を一本《ぽん》一本《ぽん》、ていねいに手入《てい》れをするツバメの夫婦《ふうふ》。羽《はね》の手入《てい》れは毎日《まいにち》かかせない。

あたたかな春《はる》の日《ひ》ざしが、旅《たび》のつかれをいやしてくれます。

わたりをおえてほっとひと息《いき》。ツバメの夫婦《ふうふ》は、身《み》づくろいにいっしょうけんめいです。いたんだつばさや尾羽《おばね》の手入《てい》れは、最初《さいしょ》におこなうたいせつな仕事《しごと》です。

手入《てい》れのあいまにも、ツバメの夫婦《ふうふ》は、しきりにクチュクチュッとさえずりあいます。巣《す》づくりの相談《そうだん》をしているのかもしれません。

やがて、身《み》づくろいをおえたツバメの夫婦《ふうふ》は、青空《あおぞら》めがけてさっととびたちます。はりめぐらされた電線《でんせん》のあいだを、たくみにくぐりぬけ、水面《すいめん》を矢《や》のようにかすめ、あとになりさきになり、いつまでもとびつづけます。

巣《す》づくりの季節《きせつ》

春《はる》がすみの空《そら》に、ツバメがとびまわっています。夕《ゆう》べの雨《あめ》でできた水《みず》たまりに、ワタ雲《ぐも》のかげが、ふんわりとうかんでいます。

春《はる》の雨《あめ》は、大地《だいち》をしっとりとしめらせ、ツバメに巣《す》づくりの季節《きせつ》がきたことをしらせます。

ツバメは、さっそく巣《す》づくりの準備《じゅんび》にかかります。材料《ざいりょう》は、やわらかいどろとかれ草《くさ》。口《くち》のなかで、自《じ》分《ぶん》のだ液《えき》をまぜてこねあげます。

都会《とかい》のツバメは、どろあつめにもひと苦労《くろう》。小《ちい》さな水《みず》たまりにも気《き》をくばり、ときには、人《ひと》や車《くるま》がゆきかう町《まち》なかに、おりてくることもあります。そして、どろがかわいてしまわないように、大《おお》いそぎでとびたちます。

↑4月《がつ》15日《にち》。人《ひと》や車《くるま》に気《き》をくばり，ツバメはせっせとどろをはこぶ。ツバメにとって，コンクリートの町《まち》なかはすみにくい。やっと見《み》つけた水《みず》たまりも，日《ひ》がさすとすぐかわいてしまう。

↑ 4月《がつ》21日《にち》。ねばねばしたどろは，巣材《すさい》にもっともてきしている。ツバメは口《くち》いっぱいにどろをふくみ，かれ草《くさ》をひろい，だ液《えき》もまぜて5分《ふん》から10分《ぷん》ごとに，ひっきりなしに巣《す》へはこぶ。どろ1つぶ，かれ草《くさ》1本《ぽん》も巣《す》のたいせつな材料《ざいりょう》。

→ 4月《がつ》21日《にち》。どろの上《うえ》におり立《た》ったツバメ。からだをおりまげ，ふるわせながら，どろをつつくようにしてひろう。このとき，だ液《えき》をまぜる。だ液《えき》はどろにねばりけをあたえる。さらにかれ草《くさ》をまぜて，巣《す》をいっそう強《つよ》くする。巣《す》づくりは，おすもめすもいっしょになってする。

➡四月《がつ》二十三日《にち》。夕《ゆう》べの雨《あめ》は、道《みち》ばたに水《みず》たまりをつくり、ツバメの巣《す》づくりに、てきとうなどろをつくってくれた。雨《あめ》のふったあとは、どろあつめもいちだんと活発《かっぱつ》になる。

←五月《がつ》六日《か》。足《あし》の弱《よわ》いツバメは、ものへとまることがにが手《て》。尾羽《おばね》をいっぱいにひろげ、からだをささえる。

人《ひと》がゆきかう町《まち》なかを、すいすいとびかうツバメ。みんな口《くち》いっぱいにどろをくわえて、のき下《した》や家《いえ》のなかへきえていきます。

のき下《した》では、ツバメの夫婦《ふうふ》が古巣《ふるす》の修《しゅう》ぜんにおわれています。電灯《でんとう》のかさの上《うえ》では、わかい夫婦《ふうふ》が、はじめての巣《す》づくりに大《おお》わらわです。駅《えき》のホームでも、ビルのなかでも、いろいろなところでツバメの巣《す》づくりがどんどんすすんでいます。

垂直《すいちょく》なコンクリートのかべに、ツバメが巣《す》をつくりはじめています。ひらひらとびながら、一つぶ一つぶかべにどろをつけ、まず足場《あしば》をつくります。足《あし》場《ば》がかわくと、そこにつめをひっかけて、かべにへばりつき、尾羽《おばね》をいっぱいにひらいて、からだをささえながらどろをつけていきます。

①

②

家《いえ》ののき下《した》へ、ツバメの夫婦《ふうふ》がせっせとどろをはこんでいます。この夫婦《ふうふ》は、街灯《がいとう》の支柱《しちゅう》の上《うえ》に巣《す》をつくることにきめたようです。一日《にち》め、支柱《しちゅう》の上《うえ》にすこしだけどろをもりました。かわきぐあいをみているのです。風通《かぜとお》しのよい場所《ばしょ》では、巣《す》のできあがりをはやめます。

二日《か》め、三日《か》め、朝早《あさはや》くから、さかんにどろをはこびます。ねばねばしたどろは、板《いた》のかべにもよくくっつきます。

四日《か》め、そろそろ巣《す》の形《かたち》がととのってきました。からだをおりまげ、どろをくちばしでおしつけるようにして、どんどんつみかさねていきます。

→①5月《がつ》4日《か》。巣《す》づくり2日《か》め。かわいた部分《ぶぶん》は1日《にち》めのどろ。朝《あさ》は5時《じ》ごろから，おすとめすでどろをはこんでくる。②5月《がつ》5日《か》。巣《す》づくり3日《か》め。やわらかなかれ草《くさ》やかたいかれ草《くさ》など，大《だい》小《しょう》とりまぜて巣《す》をつくる。③5月《がつ》6日《か》。巣《す》づくり4日《か》め。顔《かお》をどろだらけにして，口《くち》いっぱいにどろをもってくる。

③

↓5月《がつ》7日《か》。巣《す》づくり5日《か》め。巣《す》がほぼできあがった。巣《す》づくりの日数《にっすう》は，天《てん》候《こう》などにより多少《たしょう》のちがいがあるが，ふつう1週間《しゅうかん》くらいで完成《かんせい》する。

そして五日《か》め、最後《さいご》の仕《し》上《あ》げ。めすは巣《す》のなかへはいり、せかせかうごきまわりながら、すわりごこちをたしかめます。

巣《す》の内《うち》がわがすっかりかわきあがると、鳥《とり》の羽《はね》やかれ草《くさ》をあつくしきつめます。

産卵《さんらん》

巣《す》ができあがるのをまちかねていたように、めすは巣《す》のなかにうずくまります。一日《にち》一こずつ、三〜七このたまごをうみおとし、あたためはじめます。

春《はる》の畑《はたけ》は、レンゲの花《はな》がまっさかり。花《はな》のみつをもとめて、いろいろなこん虫《ちゅう》がとびまわっています。

すいーと、レンゲ畑《ばたけ》の上《うえ》をツバメがいったりきたり。おすのツバメが、ミツバチやハナアブをとらえては、巣《す》にうずくまってたまごをだいている、めすのところにはこんでいくのです。

巣《す》をきけんからまもるのも、おすの役目《やくめ》。ネコが巣《す》にちかづこうものなら、ぱっととびたち、チュイチュイーとはげしくなきながら、ネコの頭上《ずじょう》すれすれにかすめとび、おいはらってしまいます。

↑5月《がつ》15日《にち》。ツバメは，3こから7こ(ふつう5こ)のたまごを1日《にち》1こずつうむ。この巣《す》のツバメは6このたまごをうんだ。巣《す》のなかにはかれ草《くさ》やニワトリ，ハトの羽毛《うもう》などをしきつめて，保温《ほおん》に役立《やくだ》てている。

⬆ツバメの夫婦《ふうふ》は早起《はやお》き。朝早《あさはや》くから，巣《す》づくりや，えささがしにいそがしくとびまわる。

⬅5月《がつ》21日《にち》。昼《ひる》のさわぎにつかれてか，ツバメの夫婦《ふうふ》は首《くび》をおりまげ，ぐっすりねむっている。ピクリともしない。ヘッドライトのゆきかう町《まち》なかは，ツバメにとって，フクロウなどの外敵《がいてき》のいない安全《あんぜん》な場所《ばしょ》。

➡五月《がつ》二十二日《にち》。身近《みぢか》な天敵《てんてき》、スズメ。ツバメをおいだし、かれ草《くさ》をはこびこみ、ひなをそだてる。

⬅五月《がつ》二十三日《にち》。かわいいひなの誕生《たんじょう》。ひなの目《め》は六日《むいか》めにひらく。

ひなの誕生《たんじょう》

意外《いがい》な敵《てき》がいます。スズメです。スズメは、ときにはツバメの巣《す》をうばい、ちゃっかり自分《じぶん》のひなをそだてます。

シリシリ、シリシリ。

ツバメの巣《す》のなかから、かすかなき声《ごえ》がきこえてきます。ひなの誕生《たんじょう》です。めすが、たまごをだきはじめてから十四日《か》めです。

そっと、巣《す》のなかをのぞいてみましょう。

ピンク色《いろ》のはだかんぼうで、目《め》はまだとじたままです。

やさしく、ひなをだくめすツバメ。巣《す》のそばでは、おすツバメが見《み》まもっています。この夫《ふう》婦《ふ》は、はじめて親《おや》になったのです。

いそがしいひなの世話《せわ》

六月《がつ》は繁殖《はんしょく》の季節《きせつ》です。日本《にっぽん》の各地《かくち》で、ツバメのひながいっせいにうまれ、親《おや》ツバメはひなの世話《せわ》に大《おお》わらわです。

あたたかな初夏《しょか》の日《ひ》ざしが、たんぼや水辺《みずべ》にすむこん虫《ちゅう》たちの羽化《うか》をたすけます。

ツバメは水面《すいめん》を矢《や》のようにとびまわり、羽化《うか》したばかりのカゲロウや、カワゲラなどをとらえては、ひなにはこんでいます。

ときおりツバメは、とびながら、水《みず》へとびこみ、バシャッと水《みず》しぶきをあげてとびたちます。えさあつめのあいまに、水《みず》あびをしたり水《みず》をのんだりしているのです。親《おや》ツバメは、ひなの世話《せわ》におわれ、やすむひまもなくとびつづけます。

←6月《がつ》11日《にち》。すべての生活《せいかつ》を空中《くうちゅう》でおこなうツバメ。水《みず》あびは，とびはねながら一瞬《しゅん》のうちにおこなう。

↓7月《がつ》2日《か》。たんぼの上空《じょうくう》は，ツバメのたいせつなえさ場《ば》。メイガ，ヨコバイなどの害虫《がいちゅう》をとらえる。

➡六月《がつ》二十三日《にち》。親《おや》ツバメがえさをもってくるまで、じっとまつひなたち。

⬅六月《がつ》二十三日《にち》。巣《す》立《だ》ち直前《ちょくぜん》のひなは、くいしんぼう。親《おや》ツバメを見《み》ると、いっせいにくちばしをひらく。

ひなの成長《せいちょう》

ツバメのひなはどんどん成長《せいちょう》し、巣《す》のなかはいまにもあふれるばかりです。虫《むし》をくわえて、親《おや》ツバメがもどってきました。ひなたちはいっせいに、大《おお》きくさけたくちばしをいっぱいにあけて、身《み》をのりだし、ピィーピィーわめきながら、えさをねだります。

親《おや》ツバメは、どのひなにもえさがいきわたるように気《き》をくばりながら、ひなののどふかく、えさをおしこみます。

巣《す》立《だ》ちをまぢかにひかえ、ひなたちは、巣《す》の上《うえ》で羽《はね》をばたつかせ、しきりにとぶ練習《れんしゅう》をはじめます。

←7月《がつ》2日《か》。トンボをくわえて，一直線《ちょくせん》に巣《す》へまいもどる親《おや》ツバメ。ひなの成長《せいちょう》にあわせて，えさの数《かず》もふえ，カからハチ，カメムシなどの大《おお》きな虫《むし》まで，ほとんどのこん虫《ちゅう》が，ツバメのえさになる。

↓6月《がつ》30日《にち》。巣立《すだ》つと，すぐ空《そら》をとばなければならないツバメのひなは，じゅうぶんな体力《たいりょく》が必要《ひつよう》。ひなは巣立《すだ》つまで，約《やく》3週間《しゅうかん》もかかる。農家《のうか》の，のき下《した》のツバメもひなの世話《せわ》にいそがしい。2～3分《ぷん》ごとに1回《かい》，日《ひ》に何百回《なんびゃっかい》もえさをはこぶ。

→ヒマワリの花《はな》がさくころ、町《まち》なかでは、あちらこちらで巣立《すだ》ったツバメのひなが見《み》られるようになる。

←七月《がつ》十二日《にち》。電線《でんせん》の上《うえ》で親《おや》ツバメをまつひなたち。しばらくは、まだ親《おや》ツバメにえさをもらう。巣立《すだ》ったあとは、もう巣《す》にもどらない。

巣立《すだ》ちの季節《きせつ》

ぎらぎらした真夏《まなつ》の太陽《たいよう》の光《ひかり》をあびて、ヒマワリが大《おお》きく花《はな》びらをひらいています。

町《まち》はずれや川《かわ》ぞいの電線《でんせん》の上《うえ》では、巣立《すだ》ったばかりのひなたちが、ならんで羽《はね》をやすめています。ひなには、まだ長《なが》い尾羽《おばね》がないので、とおくからでもすぐ見《み》わけがつきます。

なかには、もう自由《じゆう》に空《そら》をとびまわり、自《じ》分《ぶん》で虫《むし》をおいかけるものもいます。しかし、巣立《すだ》ちして、まだ日《ひ》のあさい大部分《だいぶぶん》のひなたちは、ひっしに電線《でんせん》にしがみつき、親《おや》ツバメにえさをねだります。親《おや》ツバメも、ひながいちにんまえのわか鳥《どり》になるまで、しばらくのあいだ、せっせとえさをはこびつづけます。

→七月《がつ》十二日《にち》。無事《ぶじ》に巣立《すだ》ったツバメのひなは、しばらくのあいだ親《おや》ツバメからえさをもらう。親《おや》ツバメは、けっして電線《でんせん》の上《うえ》におりたっては、えさをあたえない。空中《くうちゅう》をとびながら、ひなの口《くち》のおくに虫《むし》をおしこみ、とびさる。ひなは親《おや》ツバメを見《み》ると、羽《はね》をふるわせてあまえる。

⬆7月《がつ》12日《にち》。つばさをあおぐようにうちふり，尾羽《おばね》でバランスをとって，空中《くうちゅう》にとどまりながらひなの口《くち》へ虫《むし》をつっこむ。けっして地上《ちじょう》におりてえさをあたえることはない。

➡七月《がつ》十三日《にち》。のびのびと成長《せいちょう》したひなを見《み》まもる親《おや》ツバメ(左《ひだり》)。ひなのえん尾《び》はみじかく、のどの赤茶色《あかちゃいろ》もまだうすい。

⬅八月《がつ》二日《か》。ひなはもういちにんまえになり、木《き》ぎのまわりをとびまわり、えさをとる。

別《わか》れの日《ひ》

ツバメは年《ねん》に二度《ど》、ときには三度《ど》の繁《はん》殖《しょく》をおこないます。一度《ど》めは五月上《がつじょう》〜中《ちゅう》旬《じゅん》、二度《ど》めは六月中《がつちゅう》〜下旬《げじゅん》ごろ。場所《ばしょ》により多少《たしょう》のちがいがみられます。

一度《ど》めの繁殖《はんしょく》をおえて、二度《ど》めの繁殖《はんしょく》にむかうときは、ひなにとって、親《おや》ツバメとの別《わか》れの日《ひ》なのです。

でも、なにもしらないひなは、親《おや》ツバメのそばで、羽《はね》をひろげたり、背《せ》のびをしたりして、まだあまえきっています。

やがて、ひとり立《だ》ちしたひなは、ほかのひなたちといっしょになり、しばらくのあいだ、町《まち》なかでくらします。

●8月《がつ》16日《にち》。夏《なつ》の風《かぜ》が水面《すいめん》をなでていく。さざ波《なみ》が立《た》ち，きらきら光《ひか》る。ツバメが1羽《わ》，2羽《わ》，3羽《ば》，水面《すいめん》にかげをおとしてとびさる。ツバメたちの移動《いどう》がはじまった。ひろい川原《かわら》のヨシ原《はら》へ，低《ひく》く高《たか》く，ときには群《む》れになり，ゆっくりとんでいく。

➡八月《がつ》二十日《か》。ヨシ原《はら》へあつまったツバメは、夕《ゆう》ぐれおそくまでとびまわり、のこりすくなくなった虫《むし》をさがす。

⬅八月《がつ》二十二日《にち》。七月《がつ》にはいると、ツバメたちはヨシ原《はら》へ移動《いどう》する。最初《さいしょ》は、わか鳥《どり》がおおいが、八月末《がつすえ》には二度《ど》めの繁殖《はんしょく》をおえたツバメたちもあつまる。

わたりにそなえて

イワシ雲《ぐも》が空《そら》にかかると、もう秋《あき》です。

わか鳥《どり》たちは町《まち》なかから、川《かわ》べりのヨシ原《はら》などへあつまります。やがてヨシ原《はら》は、何《なん》万《まん》羽《ば》ものツバメでにぎわいます。はじめに巣立《すだ》ったわか鳥《どり》、二度《ど》めに巣立《すだ》ったわか鳥《どり》、それにわか鳥《どり》の世話《せわ》をおえた親鳥《おやどり》たちです。

昼《ひる》は電線《でんせん》の上《うえ》にとまり、川原《かわら》をわたる風《かぜ》に身《み》をまかせ、夜《よる》は付近《ふきん》のヨシ原《はら》へおり、ヨシのくきにとまってねむります。

もうすぐ別《わか》れの季節《きせつ》。おいしげるヨシ原《はら》を、プィッとぬけるすずしい風《かぜ》が、ツバメたちに、すぐそこまでわたりのときがせまったことをしらせます。

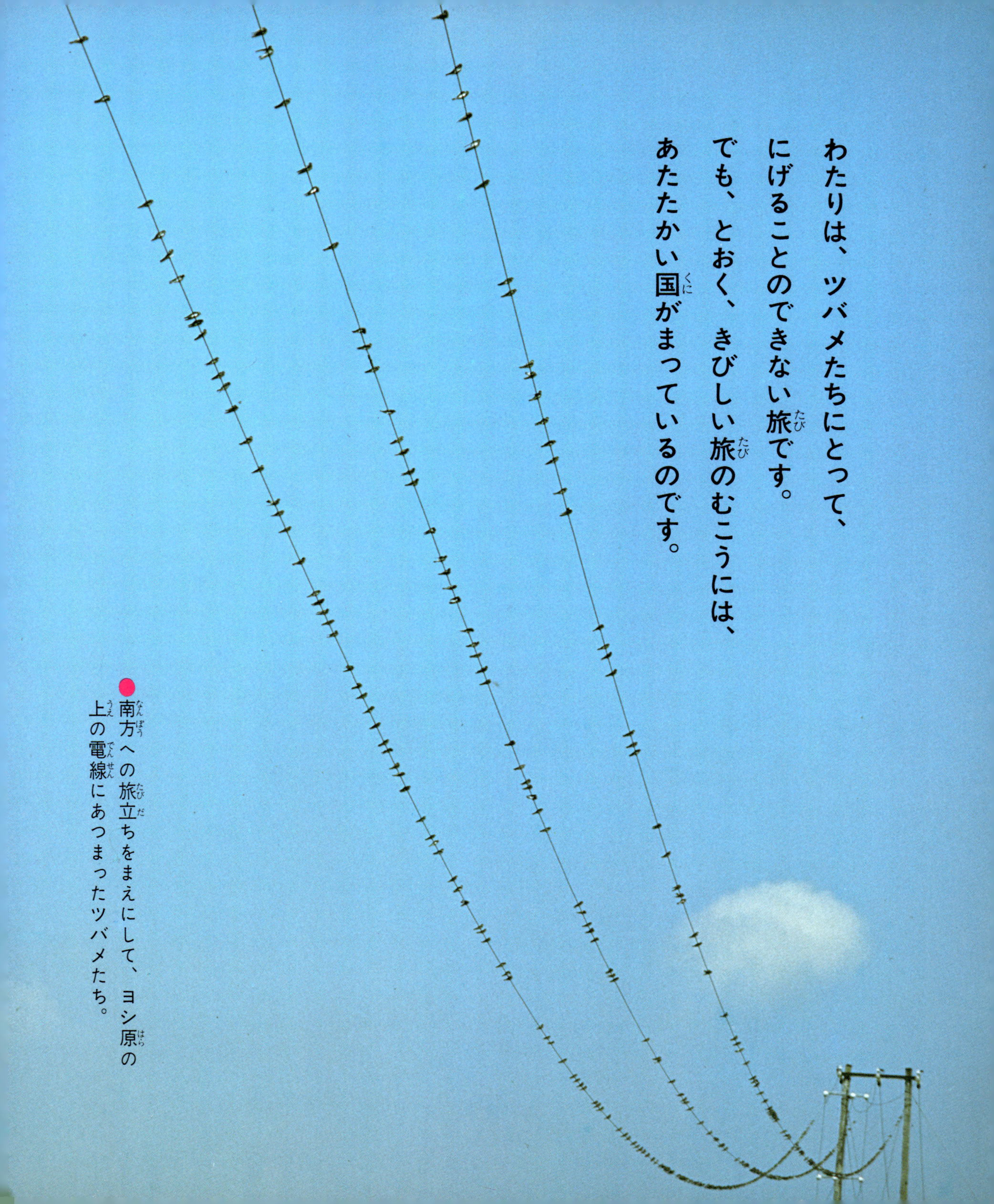

わたりは、ツバメたちにとって、
にげることのできない旅《たび》です。
でも、とおく、きびしい旅《たび》のむこうには、
あたたかい国《くに》がまっているのです。

●南方《なんぽう》への旅立《たびだ》ちをまえにして、ヨシ原《はら》の上《うえ》の電線《でんせん》にあつまったツバメたち。

＊ツバメと人間《にんげん》

むかしから人《ひと》びとに親《した》しまれ、たいせつにされてきたツバメは、今《いま》も人《じん》家《か》のちかくへやってきて生活《せいかつ》する。

しゃれたえんび服《ふく》をまとい、春《はる》のおとずれとともに、村《むら》や町《まち》なかにすがたをあらわすツバメ。家《いえ》ののき下《した》や室内《しつない》まで、あらゆる場所《ばしょ》に巣《す》をつくり、ひなをそだてるツバメは、むかしから人《ひと》びとに親《した》しまれ、愛《あい》されてきました。

農家《のうか》の人《ひと》びとは、ツバメがたんぼや畑《はたけ》の上《うえ》をとびまわり、いろいろな害虫《がいちゅう》をとらえることを、よくしっていました。そして、毎年《まいねん》きまっておとずれるツバメのために、庭《にわ》に水《みず》をまき、巣《す》づくりのどろをつくってやったり、納屋《なや》を開放《かいほう》したりして、ツバメをむかえいれ、たいせつにしてきました。

ツバメが巣《す》をつくれば、その家《いえ》は金持《かねも》ちになる。明《あか》るく幸福《こうふく》な家《いえ》にはツバメがくる。ツバメのたまごにふれると手《て》がくさる。ツバメを殺《ころ》すと火事《かじ》になる。このようなツバメをたいせつにおもう人《ひと》たちの心《こころ》が、むかしからのいいつたえとして、いろいろのこっています。また田植《たう》えの季節《きせつ》には、あぜに紙《かみ》でつくったツバメをまつり、虫《むし》よけのまじないにする風習《ふうしゅう》があったことも、かたりつたえられています。

人間《にんげん》社会《しゃかい》の発展《はってん》とともにいきてきたツバメ。このツバメは、家《いえ》のなかの電灯《でんとう》のかさに巣《す》づくりの場所《ばしょ》をみつけた。

むかしから人《ひと》びとは、空《そら》をとびまわるツバメをながめて、天《てん》気《き》予《よ》報《ほう》のかわりにしました。ツバメが空中《くうちゅう》を低《ひく》くとべば雨《あめ》降《ふ》りがちかく、高《たか》くとべば晴天《せいてん》がつづくと予想《よそう》したのです。

それは、ツバメがとびながらとらえるこん虫《ちゅう》の活動《かつどう》に、天候《てんこう》や気温《きおん》によってちがいがみられるところから、だいたい正《ただ》しいといえます。これは人《ひと》びとが、自然《しぜん》から学《まな》んだちえなのです。

ツバメは、人間《にんげん》が地球上《ちきゅうじょう》にあらわれる前《まえ》には、海岸《かいがん》や山地《さんち》のがけやどうくつに集団《しゅうだん》で巣《す》をつくっていたと考《かんが》えられています。

やがて人間《にんげん》があらわれ、社会《しゃかい》が発展《はってん》するにつれて、ツバメは人間《にんげん》のすむ建造物《けんぞうぶつ》にうつって、巣《す》をつくり生活《せいかつ》しはじめました。人間《にんげん》のすむ建物《たてもの》は、悪天候《あくてんこう》にたいしても安全《あんぜん》だし、多《おお》くの外《がい》敵《てき》がねらっている自然《しぜん》のなかの巣《す》にくらべても安全《あんぜん》だからです。

また、人間《にんげん》のすむちかくには、たんぼや畑《はたけ》があり、そこにはえさになるこん虫《ちゅう》※がたくさんいるからです。

世界《せかい》には、約《やく》八十種《しゅ》のツバメがおり、北極《ほっきょく》・南極《なんきょく》・ニュージーランドをのぞく世界各地《せかいかくち》に分布《ぶんぷ》し、そのほとんどがわたりをします。日本《にっぽん》には、ツバメ・コシアカツバメ・イワツバメ・シヨウドウツバメ・ミナミツバメの五種類《しゅるい》がやってきます。

※むかしにくらべて、最近《さいきん》ツバメの数《かず》がへってきた。その原因《げんいん》に次《つぎ》のようなことが考《かんが》えられる。①水田《すいでん》や畑《はたけ》がすくなくなり、そこにすむツバメのえさであるこん虫《ちゅう》がへった。②農薬《のうやく》がよくつかわれるようになった結果《けっか》、こん虫《ちゅう》がへった。③このほかに都会《とかい》などでは、巣《す》の材料《ざいりょう》になる土《つち》が、コンクリートやアスファルトでおおわれてしまったことも原因《げんいん》と考《かんが》えられる。

コシアカツバメ

関東《かんとう》以南《いなん》に多《おお》く分布《ぶんぷ》し、町《まち》なかで繁殖《はんしょく》する。巣《す》は単独《たんどく》、または集団《しゅうだん》で天《てん》じょうにとっくり型《がた》の巣《す》をつくり、こしの部分《ぶぶん》が赤《せき》かっ色《しょく》をしている。

イワツバメ

日本《にっぽん》各地《かくち》に分布《ぶんぷ》し、がけや橋《はし》の下《した》などに集団《しゅうだん》で巣《す》をつくる。最近《さいきん》は、都会《とかい》のビルにも巣《す》をつくっている。こしの部分《ぶぶん》は白《しろ》い。

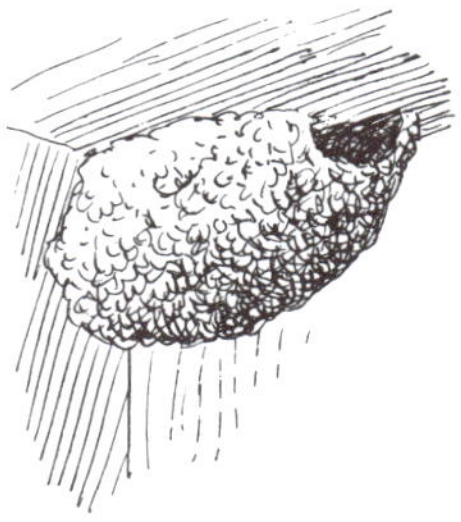

ショウドウツバメ

北海道《ほっかいどう》で繁殖《はんしょく》が見《み》られる。がけに七、八十センチくらいの横《よこ》あなをほり、集団《しゅうだん》で繁殖《はんしょく》する。全体《ぜんたい》に灰《はい》かっ色《しょく》をしており、腹部《ふくぶ》は白《しろ》い。

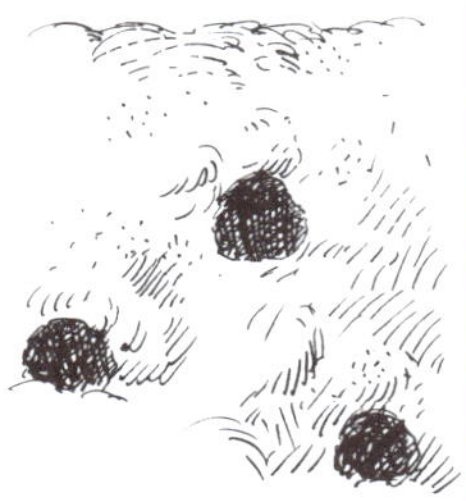

ミナミツバメ

琉球列島《りゅうきゅうれっとう》で繁殖《はんしょく》する。習性《しゅうせい》はツバメににているが、尾《お》はみじかく、胸部《きょうぶ》・腹部《ふくぶ》はかっ色《しょく》をしている。人家《じんか》や橋《はし》げたの下《した》に巣《す》をつくる。

＊空中《くうちゅう》の生活者《せいかつしゃ》・ツバメ

➡足《あし》の弱《よわ》いツバメは、地上《ちじょう》におり立《た》つことはあまりない。親《おや》ツバメが羽《は》ばたき、空中《くうちゅう》に停止《ていし》してひなにえさをあたえる。

ツバメはむかし、がけなどのかべに巣《す》をつくっていたといわれています。そのため、歩《ある》くことのすくなくなったツバメの足《あし》は退化《たいか》し、現在《げんざい》では、物《もの》にとまるぐらいの役《やく》めしかしません。しかし、空中《くうちゅう》で虫《むし》をおいかける生活《せいかつ》をつづけたツバメのからだやつばさは、大空《おおぞら》を自由《じゆう》にとべるように発達《はったつ》しました。

　からだより長《なが》くてじょうぶなつばさは、長《ちょう》距離飛行《きょりひこう》にたえ、長《なが》くのび、広《ひろ》くひろがるえん尾《び》は、急回転《きゅうかいてん》、急降下《きゅうこうか》などを容易《ようい》にします。その上《うえ》、流線型《りゅうせんけい》のからだは、空中《くうちゅう》を矢《や》のようにとびまわることができます。

　ツバメの飛行速度《ひこうそくど》は、ふつう時速《じそく》五十キロくらいですが、最高《さいこう》二百《ひゃっ》キロもだせます。また、つばさのひとふり、からだのひとひねりで、瞬時《しゅんじ》にからだをあやつり、停止飛行《ていしひこう》もやってのけます。

　ツバメのひなは、うまれてから巣立《すだ》つまで三週間《しゅうかん》もかかります。これはメジロの十日《か》前後《ぜんご》、ヒバリの約《やく》一週間《しゅうかん》とくらべて、また同《おな》

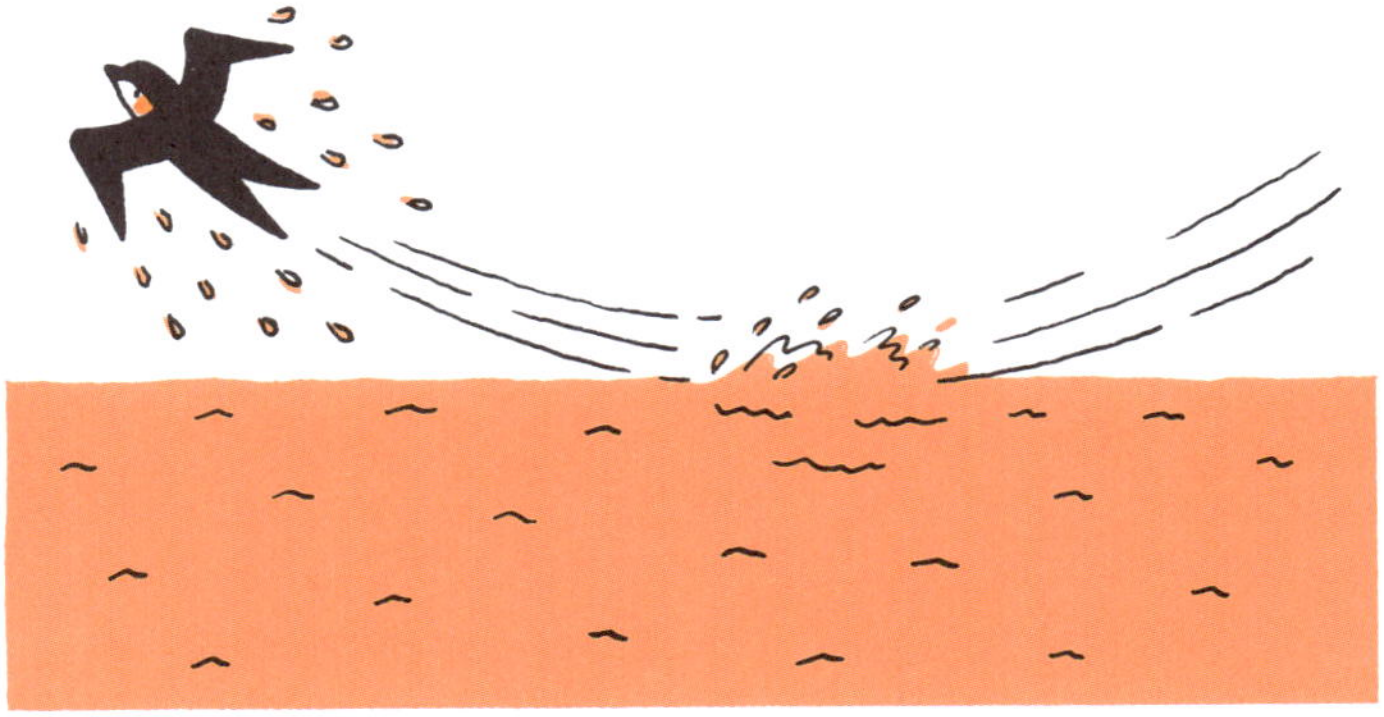

じぐらいの大《おお》きさの鳥《とり》たちとくらべても異例《いれい》なのです。それは、巣《す》立《だ》つとすぐにとばなければならないツバメにとって、じゅうぶんな体力《たいりょく》をつける必要《ひつよう》があるからです。

空中《くうちゅう》をとびながら、くちばしで虫《むし》をとらえる親《おや》ツバメは、電線《でんせん》の上《うえ》でえさをまつひなにも、地上《ちじょう》のひなにも、けっしておりたたずに、とびながらえさをあたえます。ときには、まちきれないひながとびたち、空中《くうちゅう》でえさをうけとることもあります。

ツバメが地上《ちじょう》におりるときは、巣《す》づくりの材料《ざいりょう》をひろうときと、やすむときぐらいで、歩《ある》いても数《すう》メートルで、すぐとびたちます。

水《みず》あびや水《みず》のみも、ほとんどの鳥《とり》は地上《ちじょう》におりたってしますが、ツバメは水面《すいめん》すれすれにかすめとび、瞬時《しゅんじ》に水《みず》あびをしたり、水《みず》をのんだりします。ツバメは、空中生活者《くうちゅうせいかつしゃ》なのです。

木《き》の上《うえ》に巣《す》をつくり，ひなにえさをあたえるメジロ。

地面《じめん》に巣《す》をつくり，ひなにえさをあたえるコアジサシ。

木《き》のうろに巣《す》をつくり，ひなにえさをあたえるアオバズク。

つばさ
からだよりもながく，じょうぶにできている。つばさのひとふりで，急《きゅう》上昇《じょうしょう》，急《きゅう》降《こう》下《か》もらくにおこなう。
あし
弱《よわ》くて，ものにとまるぐらいで，めったに歩《ある》くことはない。
尾羽《おばね》(えん尾《び》)
ながくひろくひらき，急回転《きゅうかいてん》もらくにおこなえる。

※ツバメのからだ

全長約《ぜんちょうやく》 170㎜。おすとめすは，外見《がいけん》上《じょう》はほとんど区別《くべつ》がつかない。流線《りゅうせん》型《けい》のからだは，空気《くうき》の抵抗《ていこう》をすくなくし，空中《くうちゅう》を矢《や》のようにとぶことができる。

目《め》
空中《くうちゅう》をとびながらこん虫《ちゅう》をとらえるので，するどく，人間《にんげん》の何倍《なんばい》もよく見《み》える。

くちばし
ふかく大《おお》きくひらき，空中《くうちゅう》をとぶこん虫《ちゅう》をとらえやすい。

親《おや》**ツバメ（左**《ひだり》**）**
えん尾《び》がながくのびていて，のどは赤茶色《あかちゃいろ》。
子《こ》**ツバメ（右**《みぎ》**）**
えん尾《び》がみじかく，のどはうす茶色《ちゃいろ》。

➡電熱線《でんねつせん》がはりめぐらされた、あたたかい部屋《へや》で、寒《さむ》い冬《ふゆ》の夜《よる》をすごすツバメたち。

日本《にっぽん》へわたってくるツバメの多《おお》くは、中国南部《ちゅうごくなんぶ》、フィリピン、マレー半島《はんとう》、一部《いちぶ》ニューギニア方面《ほうめん》から台湾《たいわん》をへて、島《しま》づたいに北上《ほくじょう》してきたものです。

二月《がつ》初旬《しょじゅん》には南西諸島《なんせいしょとう》にあらわれ、日本列島《にっぽんれっとう》をせっ氏《し》九度《ど》の等温線《とうおんせん》にそって、一日《にち》二十キロから三十キロずつ移動《いどう》し、四月《がつ》下旬《げじゅん》には北海道《ほっかいどう》にあらわれます。

しかし、日本《にっぽん》のツバメの越冬地《えっとうち》がどこなのか、まだはっきりしていません。福島県《ふくしまけん》で足輪《あしわ》をつけたツバメが、フィリピンで発見《はっけん》されたことがあり、そのあたりが越冬地《えっとうち》ではないかと考《かんが》えられています。

夏鳥《なつどり》であるツバメの最大《さいだい》の敵《てき》は、寒《さむ》さとそれからくるえさ不足《ぶそく》です。気温《きおん》がせっ氏《し》五度《ど》くらいになると活動《かつどう》がにぶり、とべなくなってしまいます。しかし、寒《さむ》い冬《ふゆ》のあいだでも日本《にっぽん》ですごしているツバメがいます。

浜名湖畔《はまなこはん》にある福山《ふくやま》さんの家《いえ》には、昭和《しょうわ》の初《はじ》めごろから冬《ふゆ》をすごすツバメたちがおとずれるようになりました。ときには、何百羽《なんびゃっぱ》ものツバメがあつまって越冬《えっとう》します。このあたりは冬《ふゆ》でもあたたかく、

朝鮮半島《ちょうせんはんとう》
日本《にっぽん》
中国《ちゅうごく》
台湾《たいわん》
フィリピン
マレー半島《はんとう》
ボルネオ
ニューギニア
オーストラリア
インドネシア
●日本《にっぽん》にくるツバメのコース

ツバメのえさであるユスリカなどが発生《はっせい》し、ツバメにとってすごしやすかったのです。しかし、冬《ふゆ》の寒《さむ》さのために死《し》んでいくツバメもいたので、福山《ふくやま》さんは、家《いえ》の一室《しつ》をツバメに開放《かいほう》し、天《てん》じょうには保温《ほおん》のために電熱線《でんねつせん》をはってまもったのです。それ以来《いらい》、毎年《まいねん》十月《がつ》末《すえ》から四月《がつ》の初旬《しょじゅん》まで、ここで冬《ふゆ》をこすツバメがみられます。

ここへあつまってくるツバメがどこからくるのか、どうしてわたりをしないのかなど、まだよくわかっていません。

＊ツバメの一年《ねん》

●ツバメのカレンダー

3月《がつ》▲

町《まち》なかにツバメがあらわれる

▲4月《がつ》

巣《す》づくり

▲5月《がつ》

産卵《さんらん》・抱卵《ほうらん》

ひなの世話《せわ》

▲6月《がつ》

立《だ》ち町《まち》
かでく
す

卵《らん》
卵《らん》

○産卵《さんらん》のさかんなのは一度《ど》めは、五月上《がつじょう》～中旬《ちゅうじゅん》。二度《ど》めは、六月中《がつちゅう》～下旬《げじゅん》。
○抱卵《ほうらん》は十四～十五日《にち》ぐらい。
○ひなの世話《せわ》は二十一～二十二日《にち》ぐらい。
○八月《がつ》には、ほとんどのツバメが町《まち》なかからヨシ原《はら》へ移《い》動《どう》する。
○八月末《がつすえ》ごろから、じょじょにわたりをはじめる。
○十月末《がつすえ》には、ほとんどがすがたをけす。

※ほとんどのツバメは、年《ねん》二回《かい》ひなをそだてる。なかには三回《かい》もそだてるツバメもいる。

春《はる》、日本《にっぽん》へやってくるツバメは、一夏《なつ》のあいだに二度《ど》、ときには三度《ど》の繁殖《はんしょく》をおこないます。夏《なつ》のはじめ、町《まち》なかでは多《おお》くのツバメのひなが巣《す》立《だ》ち、親《おや》ツバメはその世話《せわ》におわれます。

しばらくのあいだ、ひなの世話《せわ》をしつづけた親《おや》ツバメは、ひなと別《わか》れ、二度目《どめ》の繁殖《はんしょく》にむかいます。二度《ど》目《め》もほとんどのツバメが同《おな》じ巣《す》をつかい、こわれた巣《す》は修理《しゅうり》したり、新《あたら》しくつくりなおします。親《おや》ツバメと別《わか》れたひなは、巣《す》へはもどらず、なかまといっしょにすごします。

ツバメの世界《せかい》にもきけんがいっぱいです。寒《さむ》い天候《てんこう》が長《なが》くつづくと、ツバメのえさであるこん虫《ちゅう》があまりとばず、親《おや》ツバメはえさをもとめて、巣《す》からはなれる時間《じかん》が多《おお》くなります。すると、たまごが冷《ひ》えてかえらなかったり、えさ不《ふ》足《そく》のためにひなが死《し》ぬことがあります。

ひなが巣《す》立《だ》つ直前《ちょくぜん》も、きけんな時期《じき》です。成《せい》

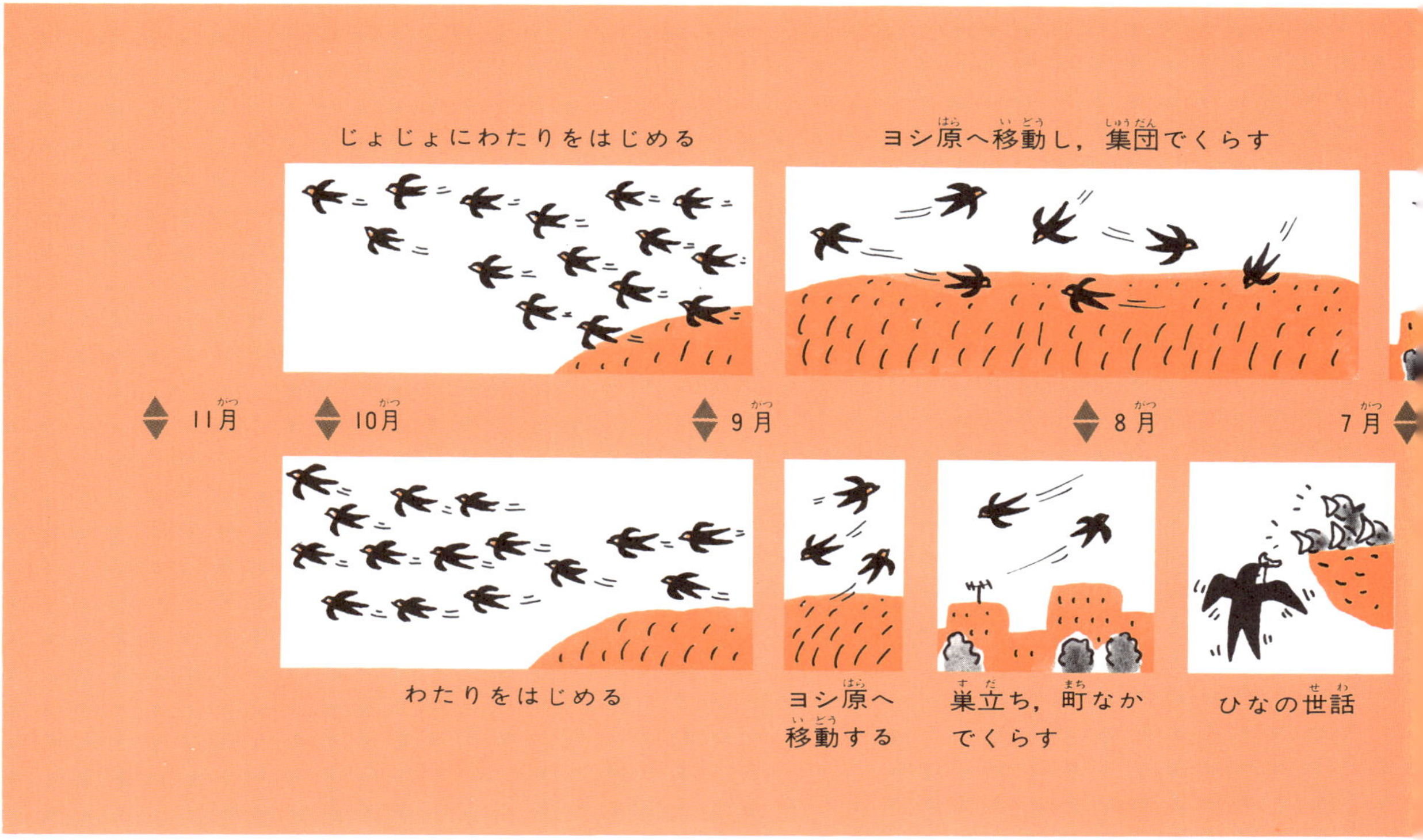

長《ちょう》したひなの重《おも》みで巣《す》がくずれ、ひなが落《お》ちたり、弱《よわ》いひなが元気《げんき》なひなにおされて、巣《す》の外《そと》へ落《お》ちて、死《し》んでしまうことも多《おお》くあります。

ツバメが二度《ど》も三度《ど》も、ひなをそだてるのは、できるかぎり多《おお》くの子孫《しそん》をのこすために、自然《しぜん》がおしえてくれたちえなのかもしれません。

秋《あき》もまぢか。二度《ど》の繁殖《はんしょく》をおえたツバメたちもヨシ原《はら》へあつまります。ヨシ原《はら》は、ツバメのわたりの前《まえ》のねぐらです。どうしてツバメがヨシ原《はら》へあつまるのでしょうか。それは町《まち》なかよりえさが多《おお》いためかもしれません。でも、わたりのなぞとともに、まだよくわかっていません。

↓巣立《すだ》ち前《まえ》のたべざかりのひなは，巣《す》からのりだして，あやまって落《お》ちることがある。また，元気《げんき》のよいひなにおされて巣《す》の外《そと》へ落《お》ちて死《し》ぬ弱《よわ》いひなもいる。

＊ツバメの観察《かんさつ》

野鳥《やちょう》の観察《かんさつ》はたいへんむずかしく、根気《こんき》がいります。みぢかにいるスズメでさえも繁殖《はんしょく》の時期《じき》には、人目《ひとめ》のとどかぬところでたまごをうみ、ひなをそだてます。

でもツバメなら、のき下《した》などに巣《す》をつくるので、いろいろな角度《かくど》から観察《かんさつ》できます。

ツバメの観察《かんさつ》には、ノートとえんぴつがあればじゅうぶんです。ただし、注意深《ちゅういぶか》く観察《かんさつ》しないと、かえって鳥《とり》たちの生活《せいかつ》をおびやかすことになります。見《み》たこと、感《かん》じたことを、正《ただ》しくノートに記録《きろく》しましょう。

●ツバメをはじめて見《み》かける月日《つきひ》
6月10日
6月1日
5月20日
5月10日
5月1日
4月20日
6月10日
6月1日
5月20日
5月10日
5月1日
4月20日
4月10日
4月10日
4月1日
4月1日
3月20日
3月20日

↑長《なが》い旅《たび》から帰《かえ》ってきて羽《はね》をやすめるツバメ。やがておすとめすは結婚《けっこん》する。

〈帰《かえ》ってきたころ〉

- ○初《はじ》めて見《み》た年月日《ねんがっぴ》
- ○見《み》た場所《ばしょ》・地名《ちめい》
- ○天候《てんこう》・気温《きおん》・時刻《じこく》
- ○親《おや》ツバメのうごき
- ○まわりにさいている草花《くさばな》

⬆巣《す》づくりをはじめたツバメ。わらくずにどろをこねてはこぶ。

⬆ひなはえさをたくさんたべる。親《おや》ツバメはいそがしそうにえさをはこぶ。

⬆巣立《すだ》ったひなに，電線《でんせん》の上《うえ》でえさをあたえる親《おや》ツバメ。

〈巣《す》づくりのころ〉

○どろあつめを見《み》た月日《つきひ》・天候《てんこう》
○どろあつめをしていた場所《ばしょ》
○巣《す》づくりの場所《ばしょ》
○どんな材料《ざいりょう》をはこんでいたか
○巣《す》づくりにかかった日数《にっすう》

〈産卵《さんらん》・ひなの世話《せわ》をするころ〉

○たまごはいつごろ、いくつうんだか
○うまれたひなの数《かず》・月日《つきひ》
○一時間《じかん》に何回《なんかい》えさをはこんだか
○えさはなんだろうか
○ひなの成長《せいちょう》をよく見《み》よう

〈巣立《すだ》ちと旅立《たびだ》ちのころ〉

○巣立《すだ》った月日《つきひ》・天候《てんこう》
○何羽《なんわ》巣立《すだ》ったか
○巣立《すだ》ったひなの動作《どうさ》を観察《かんさつ》してみよう
○親《おや》ツバメと子《こ》ツバメのちがいは
○ツバメを見《み》かけなくなった月日《つきひ》

あとがき

春《はる》になると、毎年《まいねん》のようにおとずれていたツバメが、もしも、わたしたちのすむ町《まち》へ帰《かえ》ってこなくなったら、どんなにさびしいことでしょう。さいわいなことに、わたしのすんでいる町《まち》では、毎年《まいねん》ツバメが帰《かえ》ってきて、ひなをそだてるすがたが見《み》られます。しかし、最近《さいきん》の加速度的《かそくどてき》な町《まち》の発展《はってん》を見《み》ていると、そのような日《ひ》がもうまぢかにせまっていることが、感《かん》じられてなりません。

この二年間《ねんかん》、ツバメの撮影《さつえい》のために、いろいろな場所《ばしょ》をたずねてみました。ところが、どこでもきまって、すくなくなったツバメのことをなげく人《ひと》びとの声《こえ》がきかれるのでした。そのような村《むら》や町《まち》では、どんどん都会化《とかいか》がすすみ、ツバメのえさ場《ば》であるたんぼや畑《はたけ》が、ほとんど見《み》うけられませんでした。

でも、ある町《まち》では雨戸《あまど》に巣《す》をつくりひなをそだてるツバメのために、何年《なんねん》ものあいだ、雨戸《あまど》をとじたままにしている人《ひと》もいました。また、家《いえ》のなかで繁殖《はんしょく》するツバメが、朝早《あさはや》くひなのえさをとりにいくので、早起《はやお》きして、ツバメのために、戸《と》をあけてやるおばあさんもいました。

そして、いろいろなところで家族《かぞく》の一員《いいん》として、あたたかくむかえいれられているツバメと人《ひと》びとの交流《こうりゅう》をながめていると、わたしの心《こころ》もなごむのでした。

菅《すが》原《わら》光《こう》二《じ》
（一九七五年一月）

NDC488
菅原光二
科学のアルバム 動物・鳥 3
ツバメのくらし

あかね書房 2005
54P 23×19cm

科学のアルバム

ツバメのくらし

一九七五年一月初版
二〇〇五年 四 月新装版第一刷
二〇〇五年十一月新装版第二刷

著者 菅原光二

発行者 岡本雅晴
発行所 株式会社 あかね書房
〒一〇一-〇〇六五
東京都千代田区西神田三-二-一
電話〇三-三二六三-〇六四一（代表）
ホームページ http://www.akaneshobo.co.jp
印刷所 株式会社 精興社
写植所 株式会社 田下フォト・タイプ
製本所 中央精版印刷株式会社
© K.Sugawara 1975 Printed in Japan
ISBN4-251-03337-X
定価は裏表紙に表示してあります。
落丁本・乱丁本はおとりかえいたします。

○表紙写真
・巣《す》のなかのひなにえさをやる親《おや》ツバメ
○裏表紙写真（上から）
・ツバメの巣《す》づくり
・巣材《すざい》のかれ草《くさ》をひろうツバメ
・えさをねだるひな
○扉写真
・巣立《すだ》ったばかりのひなと親《おや》ツバメ
○目次写真
・空中《くうちゅう》をとびながらえさをやる親《おや》ツバメ

科学のアルバム

全国学校図書館協議会選定図書・基本図書
サンケイ児童出版文化賞大賞受賞

虫

モンシロチョウ
アリの世界
カブトムシ
アカトンボの一生
セミの一生
アゲハチョウ
ミツバチのふしぎ
トノサマバッタ
クモのひみつ
カマキリのかんさつ
鳴く虫の世界
カイコ まゆからまゆまで
テントウムシ
クワガタムシ
ホタル 光のひみつ
高山チョウのくらし
昆虫のふしぎ 色と形のひみつ
ギフチョウ
水生昆虫のひみつ

植物

アサガオ たねからたねまで
食虫植物のひみつ
ヒマワリのかんさつ
イネの一生
高山植物の一年
サクラの一年
ヘチマのかんさつ
サボテンのふしぎ
キノコの世界
たねのゆくえ
コケの世界
ジャガイモ
植物は動いている
水草のひみつ
紅葉のふしぎ
ムギの一生
ドングリ
花の色のふしぎ

動物・鳥

カエルのたんじょう
カニのくらし
ツバメのくらし
サンゴ礁の世界
たまごのひみつ
カタツムリ
モリアオガエル
フクロウ
シカのくらし
カラスのくらし
ヘビとトカゲ
キツツキの森
森のキタキツネ
サケのたんじょう
コウモリ
ハヤブサの四季
カメのくらし
メダカのくらし
ヤマネのくらし
ヤドカリ

天文・地学

月をみよう
雲と天気
星の一生
きょうりゅう
太陽のふしぎ
星座をさがそう
惑星をみよう
しょうにゅうどう探検
雪の一生
火山は生きている
水 めぐる水のひみつ
塩 海からきた宝石
氷の世界
鉱物 地底からのたより
砂漠の世界
流れ星・隕石